NOTIONS D'AGRICULTURE

A LA PORTÉE DES ENFANTS DES ÉCOLES PRIMAIRES

ET DES FERMES-ÉCOLES

LE PUY. — IMPRIMERIE DE MARCHESSOU FILS

NOTIONS
D'AGRICULTURE

A LA PORTÉE

DES ENFANTS DES ÉCOLES PRIMAIRES
ET DES FERMES-ÉCOLES

PREMIÈRE PARTIE

TERRAINS ET ENGRAIS

PAR J. NICOLAS

DIRECTEUR DE LA FERME-ÉCOLE DE NOLHAC (HAUTE-LOIRE)
OFFICIER D'ACADÉMIE

ANNÉE 1881

LE PUY
IMPRIMERIE DE MARCHESSOU FILS
23, BOULEVARD SAINT-LAURENT, 23

1881

PRÉFACE

Mettre à la portée des enfants de nos campagnes les principes de la culture de la terre, et leur donner les moyens d'apprendre sans fatigue les règles à suivre pour la faire progresser, tel est le but de ce petit ouvrage. C'est pourquoi nous avons soigneusement évité l'emploi d'expressions trop scientifiques.

Nous le diviserons en deux parties :

La première comprendra l'étude des éléments du sol arable et des terrains en général ;

La seconde traitera des fumiers et des amendements employés pour la fertilisation.

Nous serions heureux si les *notions d'agriculture
à la portée des enfants des écoles primaires et des
fermes-écoles* pouvaient être de quelque utilité pour
l'éducation de la jeunesse et contribuer pour une faible part aux progrès de l'agriculture.

—

NOTIONS D'AGRICULTURE

A LA PORTÉE DES ENFANTS DES ÉCOLES PRIMAIRES ET DES FERMES-ÉCOLES

CHAPITRE PREMIER

I. — ÉTUDE DES ÉLÉMENTS QUI CONSTITUENT LE SOL ET DES DIVERS TERRAINS PRODUITS PAR LEUR MÉLANGE

Définition. — L'agriculture est l'art d'exploiter la terre et de lui faire produire le plus de récoltes possible.

Sol. — On donne le nom de *sol* ou *terre végétale*, *terre arable*, à la couche terrestre superficielle qui sert de point d'appui aux végétaux et où ils trouvent en grande partie leur nourriture.

Pincipaux éléments qui constituent le sol. — Le sol est formé des débris des différentes roches qui composent le globe. On y trouve comme éléments principaux trois corps : la silice, l'argile et le calcaire ou carbonate de chaux.

Silice.

Sa composition. — La *silice* provient des débris de roches quartzeuses et constitue le sable de nos rivières.

Le sable, en se désagrégeant peu à peu et se mélangeant avec le limon et les détritus des plantes, forme la terre végétale.

Ses propriétés. — La silice présente peu de cohésion ; elle n'absorbe pas l'eau et la laisse facilement filtrer ; par cela même elle rend le sol léger et facile à travailler. Elle ne retient ni les substances solubles ni les engrais ; c'est ce qui rend difficile l'amélioration des terres où cet élément domine.

Rôle de la silice dans la végétation. — La silice se trouve dans presque toutes les plantes ; elle est absorbée par les racines. Elle se fixe surtout dans les feuilles et dans les parties vertes.

C'est la silice qui forme les nœuds de la paille des céréales ; c'est elle qui donne aux graminées, aux plantes herbacées cette rigidité qui les caractérise, et qui constitue l'épiderme luisant qu'on remarque chez quelques-unes.

Argile.

Sa composition. — L'argile, vulgairement appelée *terre glaise* ou *terre grasse*, est un mélange de silice, d'alumine et d'eau. La proportion de sable qu'elle contient influe beaucoup sur ses propriétés.

Propriétés des argiles. — Les argiles ont la propriété d'absorber une grande quantité d'eau et de former avec elle une pâte liante. Elles retiennent les engrais et les conservent pendant longtemps.

Sous l'influence des variations atmosphériques, les terres qui contiennent beaucoup d'argile présentent des caractères différents.

Elles résistent plus longtemps à la sécheresse que les terres siliceuses ; mais, une fois desséchées, elles deviennent très dures, très difficiles à travailler et les plantes y dépérissent.

Dans les temps humides, elles se saturent d'eau, c'est-à-dire, qu'elles prennent toute l'eau qu'elles peuvent contenir et deviennent imperméables.

C'est dans l'argile que l'on fait souvent des réservoirs pour les irrigations. Une terre argileuse saturée d'eau laisse les racines dans un excès d'humidité où elles ne tardent pas à pourrir.

Pour remédier à cet inconvénient, il faut ménager un écoulement aux eaux à l'aide d'un drainage ou de rigoles d'assainissement.

1*

Dans l'argile, les labours sont extrêmement difficiles et plus coûteux que dans les terres légères.

Calcaire.

Définition. — Le *calcaire,* ou *carbonate de chaux,* a l'aspect blanchâtre; il provient de la désagrégation des roches où domine la chaux; de là, son nom.

Il est extrêmement répandu dans la nature et forme à lui seul des montagnes entières.

Propriétés. — Comme l'argile, sous l'influence des agents atmosphériques, le calcaire subit des modifications sensibles :

Par un temps humide, il absorbe beaucoup d'eau et forme une pâte qui rend les labours difficiles en s'attachant aux instruments.

Par les temps froids, l'eau absorbée se congèle, soulève la terre et la réduit en poussière, laissant à nu les racines des plantes.

Enfin, sous l'influence de la chaleur, le calcaire se dessèche rapidement et les récoltes souffrent beaucoup, car, par suite de sa porosité, l'air pénètre jusqu'aux racines qu'il prive de l'humidité si nécessaire à leur nutrition.

Le calcaire, exerçant une action décomposante sur les engrais, en demande très souvent.

Rôle du calcaire dans la végétation. — Le carbonat

de chaux joue un grand rôle dans la végétation ; toutes les plantes se l'assimilent avec plus ou moins d'avidité suivant leur nature, quelques unes même ne peuvent être cultivées sur les terrains où il fait défaut.

Terreau.

Indépendamment des trois éléments minéraux dont nous venons de parler et que l'on trouve mélangés entre eux dans des proportions diverses, il y a dans tout sol cultivable des débris de matières organiques ; ce sont ces débris auxquels on a donné le nom de *terreau* ou *humus*.

Propriétés. — C'est le terreau qui fournit aux végétaux l'acide carbonique nécessaire à leur développement ; il rend les terres plus faciles à travailler, absorbe l'humidité de l'air et condense les engrais.

Sa couleur brune facilite l'échauffement du sol au printemps.

Les meilleures terres renferment de cinq à huit pour cent de terreau.

Éléments secondaires contenus dans le sol.

L'analyse des terres arables accuse encore la présence d'autre corps de diverses natures qui n'ont, le plus souvent, qu'une faible influence sur les propriétés du sol. De ce nombre sont : l'oxyde de fer, la magnésie, la potasse et la soude.

II. — ÉTUDE DES TERRAINS

Division des terres arables. — Les terres dans lesquelles se trouvent à la fois les trois éléments principaux, argile, silice et calcaire, se subdivisent en terres *franches*, terres *fortes*, terres *légères* et terres *calcaires*.

Terres franches.

On désigne sous le nom de terres *franches*, des terres dans lesquelles les trois éléments minéraux entrent dans des proportions sensiblement égales.

Propriétés. — Elles sont, en général, très fertiles ; toutes les plantes peuvent y être cultivées avec succès. Elles ne sont ni trop sèches ni trop humides et conservent presque en tout temps un degré de fraîcheur très favorable à la végétation ; elles n'ont jamais besoin d'amendements et possèdent toujours une assez forte proportion d'humus.

En général, la culture des terres franches est très économique et les labours peuvent y être effectués par tous les temps.

Terres fortes.

Terres argileuses. — Les terres argileuses sont très humides et offrent tous les inconvénients des argiles pures.

Moyens de les améliorer. — C'est au moyen de labours profonds et souvent répétés qu'on obtient dans ces terres des produits assez abondants mais de qualité inférieure. Pour que ces labours aient toute leur efficacité faut-il encore les pratiquer au moment où le sol n'est ni trop sec ni trop humide, si l'on veut éviter les inconvénients signalés plus haut.

Après les labours, il faut avoir recours souvent à la herse et au rouleau pour briser les mottes.

Tous les amendements susceptibles de bien diviser le sol leur sont applicables : le sable, les graviers, les marnes calcaires, la chaux, les cendres, les plâtras résultant des démolitions peuvent être employés avec succès, la chaux surtout réussit à merveille.

Les récoltes enfouies et les fumiers longs exercent un excellent effet.

Récoltes qu'elles produisent. — Une fois que ces terres sont un peu améliorées, elles peuvent produire de la luzerne, du trèfle, des vesces de printemps, du ray-gras, du colza et des betteraves ; mais c'est surtout le froment d'automne qui y vient bien, aussi les appelle-t-on, dans certains pays, terres à froment.

Les herbes naturelles qu'elles fournissent sont grossières et peu succulentes.

Parmi les arbres fruitiers, le pommier et le poirier y végètent bien.

Tous les animaux domestiques qui se nourrissent dans ces terrains prennent un grand dévelopement et ont un tempérament très mou, cela tient à ce que les fourrages sont très abondants et très aqueux. Les vaches laitières y donnent beaucoup de lait et les moutons une laine très grossière.

En général, la viande de ces animaux est d'une qualité très inférieure.

Les chevaux y sont énormes, peu énergiques et sujets à la fluxion périodique (*maladie des yeux*).

En résumé, la culture de ces terres est très dispendieuse à cause de la grande force motrice nécessaire pour les labourer. Cependant, une fois améliorées, elles gardent longtemps leur fertilité et peuvent produire toutes les plantes utiles.

Terres schisteuses.

Dans la catégorie des terres fortes, on classe les terres schisteuses.

Propriété des terres schisteuses. — Ces terres sont formées par la décomposition des schistes ou ardoises ; elles ont à peu près les mêmes propriétés que l'argile. Cependant à cause de leur couleur foncée, elles s'échauffent plus vite au printemps, de même que, pendant les sécheresses, elles deviennent moins compactes. Lorsqu'elles contiennent une certaine proportion de sable, elles sont moins tenaces et plus faciles à travailler.

Les amendements calcaires y produisent de très bons effets.

Récoltes qu'elles produisent. — Le froment, l'avoine, le trèfle et même les pommes de terre viennent très bien sur ces terrains.

Terres légères.

Division. — Parmi les terres légères, on comprend : les terres *siliceuses*, les terres *granitiques* et les terres *volcaniques.*

Terres siliceuses.

On connaît vulgairement les terres siliceuses sous le nom de terres sablonneuses.

Propriétés. — En France, il y a beaucoup de terres siliceuses ; elles sont très mobiles, n'ont pas de consistance ; les vents les soulèvent et les entassent facilement. On les trouve surtout près du cours des rivières et sur les bords de la mer, où elles sont déposées par les eaux.

Les sols siliceux ont des caractères absolument opposés à ceux des sols argileux : ils sont très perméables et ne peuvent retenir l'eau. Ils sont donc toujours secs, comparativement aux autres terrains, à moins qu'ils ne reposent sur une couche d'argile située à une faible profondeur ; ce que l'on observe quelquefois.

Ces terres offrent, dans la pratique, le grave inconvénient de se dessécher en été ; elles deviennent alors arides ; aussi faut-il chercher par tous les moyens possibles à y fixer l'humidité.

Moyens de les améliorer. — On y parvient en les amendant avec des argiles marneuses, en employant pour engrais les fumiers de cours, ceux des bêtes à cornes et les récoltes vertes. Lorsque le sous-sol est argileux, il y a un grand avantage à le ramener à la surface. Par ce moyen, la couche cultivable acquiert une plus grande profondeur, ce qui favorise la croissance de la plupart des végétaux et surtout des plantes à racines pivotantes telles que betteraves, carottes, turneps, luzerne et sainfoin.

Culture et récoltes. — La culture des terrains sableux est très facile et peu coûteuse ; ils n'exigent pas des labours aussi fréquents parce qu'ils sont facilement pénétrés par les gaz atmosphériques et par les racines. Convenablement amendés et engraissés, ils sont très propres à la culture de toute espèce d'herbages et de graines. Ils sont peut-être inférieurs aux terres fortes et argileuses dans la production du froment, mais ils les surpassent dans celle du seigle, de l'orge et de l'avoine. Ils conviennent mieux aux plantes bulbeuses et à tubercules qu'aux plantes à racines fibreuses.

Le chêne et le bouleau sont les arbres que l'on y voit surtout; le pin y vient également lorsque le sol est complètement siliceux.

Animaux domestiques. — Les animaux domestiques nourris sur ces terrains ne sont pas très gros, mais ils sont bons, agiles, sobres, rustiques et pleins d'énergie.

Terres granitiques.

Les terres granitiques sont formées d'un sable argileux, un peu acide par lui-même, qui est le résultat de la décomposition et de l'altération des roches granitiques.

On les rencontre le plus souvent sur des pentes rapides (1).

Propriétés. — La chaleur de l'été dessèche leur couche cultivable, ordinairement peu épaisse; leurs produits sont presque insignifiants pendant les années sèches.

---

(1) Dans la Haute-Loire, la majeure partie de l'arrondissement d'Yssingeaux et de Brioude, les cantons de Craponne, de Vorey, de Loudes et du Puy Sud-Est dans l'arrondissement du Puy, contiennent d'assez grandes étendues de terrain granitique.

Cultures. — La culture de ces terres est difficile ; elles ne peuvent être labourées avec de fortes charrues par suite de leur déclivité et du peu de puissance de la couche superficielle.

Fumiers et amendements. — Les fumiers d'étables leur conviennent surtout, et les amendements qui y produisent le plus d'effet sont la chaux et la marne.

Récoltes. — Les cultures du seigle, de l'épeautre, du navet, de la pomme de terre, des arbres à fruits à noyaux et de la vigne y réussissent le mieux. Lorsque les terres granitiques se trouvent dans des vallées et qu'elles peuvent être arrosées, elles donnent d'excellentes récoltes. Alors les prairies y viennent bien et donnent du foin de bonne qualité.

Terres volcaniques.

Définition. — Les terres volcaniques sont formées par la désagrégration des matières rejetées par les anciens volcans.

Elles sont assez répandues dans le centre de la France et notamment dans la Haute-Loire, le Puy-de-Dôme et le Cantal (1).

---

(1) Dans la Haute-Loire, on peut citer les cantons de Fay-le-Froid, du Monastier, de Pradelles, de Cayres, du Puy Nord-Ouest, de Saint-Paulien, de Tence, de Montfaucon et de Blesle où les terrains sont, en général, d'origine volcanique.

Propriétés. — Les terrains volcaniques, sont générale-ment légers, noirs ou noirâtres, souvent pulvérulents. Ils jouissent d'une grande fertilité, surtout lorsqu'on peut leur procurer, en été, une humidité suffisante.

Cultures. — Ils demandent à peu près les mêmes cultures que les terres granitiques. On ne doit les fu-mer qu'avec modération, car un excès d'engrais ferait verser les récoltes.

Récoltes. — Ils produisent surtout du seigle, du sarrazin, des pommes de terre, des navets, ainsi que des arbres fruitiers et de la vigne. C'est surtout sur les terrains volcaniques que croissent spontánément les foins de meilleure qualité; ainsi qu'on peut l'obser-ver sur les versants des montagnes de cette origine.

Terres calcaires.

Définition. — Les sols calcaires sont ceux dans les-quels la proportion de carbonate de chaux l'emporte de beaucoup sur celle des autres éléments terreux.

Propriétés. — La terre calcaire est, en général, d'une couleur blanchâtre; elle est assez friable; aussi, quand on en forme une pelote, elle ne tarde pas à se désagré-ger et à tomber en petits fragments.

Lorsqu'elle se dessèche, elle forme à sa surface une croûte plus ou moins épaisse qui réunit au désavantage de se crevasser celui de ne se laisser pénétrer ni par l'air ni par une pluie peu durable.

Elle forme avec l'eau une pâte courte qui s'attache aux pieds et aux instruments, mais cette adhérence est de peu de durée.

La terre calcaire fait effervescence avec les acides ; c'est ainsi qu'on peut encore la reconnaître.

Les sols calcaires sont, en général, peu productifs. Leur couleur blanche reflète les rayons solaires, et produit une réverbération nuisible à la végétation.

Comme ils consomment rapidement les engrais, ils exigent des fumures plus abondantes que les autres, Ce n'est qu'en les leur prodiguant qu'on parvient à obtenir des produits satisfaisants.

Lorsqu'on peut les arroser, les herbes qui y croissent sont de bonne qualité.

Engrais. — Les engrais qui leur conviennent sont les engrais verts, les chiffons de laine et, en général, les fumiers qui se décomposent lentement.

Culture. — Il faut ensemencer les terres calcaires de bonne heure et sur un seul labour, afin d'éviter le déchaussement.

C'est surtout dans ces terres qu'il faut multiplier les prairies artificielles ; c'est un moyen de les améliorer. La luzerne et le sainfoin y viennent très bien.

Si le sous-sol était composé d'une couche siliceuse, on obtiendrait de beaux résultats en ramenant le sable à la surface au moyen de forts labours. Il serait alors

possible de cultiver avec succès l'orge, les pommes de
terre et les plantes à racines pivotantes.

De la tourbe.

De même que l'étude des éléments principaux du sol
a provoqué quelques mots sur les substances organiques connues sous le nom d'humus ou terreau, de
même l'étude des divers terrains ne saurait être complète si l'on ne parlait de la tourbe et des terrains
tourbeux.

Définition. — On désigne sous le nom de tourbe une
variété d'humus résultant de la décomposition de tous
les corps organisés (plantes et animaux) dans les
eaux stagnantes.

Les endroits où se trouve la tourbe sont appelés
tourbières.

Propriétés. — Cette substance a des propriétés qui
diffèrent beaucoup de celles du terreau.

Sa couleur est plus ou moins brune, sa texture est
souvent compacte, quelquefois la présence de plantes
incomplètement décomposées la rend fibreuse.

Elle brûle facilement avec peu ou point de flamme,
produisant une fumée semblable à celle du foin et ne
laissant qu'une braise très légère.

Les plantes aquatiques qui croissent sur les tourbières leur donnent un aspect particulier.

Les tourbières sont impropres à la production des plantes utiles.

Terrains tourbeux.

Définition. — Les terrains dans lesquels la tourbe entre comme principal élément s'appellent terrains tourbeux. Ils se forment sur les surfaces où les eaux manquent d'écoulement.

Propriétés. — On les reconnaît à leur couleur plus ou moins foncée, et à leur température qui diffère de celle des autres terrains; car, s'ils sont plus lents à s'échauffer au printemps, ils conservent plus longtemps leur chaleur en hiver.

Les terrains tourbeux sont très poreux, ils s'affaissent sous le passage des corps pour reprendre, aussitôt après, leur niveau primitif.

Ils perdent une grande partie de leur poids en se desséchant.

Moyen de les améliorer. — Lorsqu'on veut soumettre les sols tourbeux à une culture annuelle, il faut les assainir et les ameublir.

L'assainissement s'opère au moyen des fossés d'assèchement et du drainage.

L'ameublissement nécessaire s'effectue par *l'écobuage* (opération qui consiste à brûler la croûte superficielle) et par l'emploi de la chaux, de la marne et des cendres qui neutralisent l'acidité résultant des matières organiques.

Culture. — Une fois améliorés, les terrains tourbeux deviennent très légers et propres à la culture des plantes à fortes racines. Les céréales qui y réussissent le mieux sont l'orge et l'avoine ; cette dernière y donne parfois des rendements supérieurs.

Les plantes des prairies artificielles y sont cultivées avec succès, mais il est plus avantageux, dans les régions montagneuses, de convertir ces terres en prairies à faucher.

L'amélioration des terrains tourbeux est coûteuse et pénible, il est souvent préférable d'en tirer profit pour l'exploitation du combustible.

CHAPITRE II

DES FUMIERS

Définition. — On donne le nom de *fumier* ou *engrais* aux diverses substances qu'on introduit dans le sol pour subvenir à l'alimentation des plantes.

Division. — On divise les fumiers en quatre catégories, suivant leur origine et leur composition, savoir :

1° Fumiers mixtes ;
2° Fumiers animaux ;
3° Fumiers végétaux ;
4° Fumiers minéraux.

I. — FUMIERS MIXTES

Sous la désignation de fumiers mixtes, on comprend le mélange des excréments solides et liquides des ani-

2

maux avec toutes les substances susceptibles de s'en imprégner et surtout avec la paille.

Ces fumiers se décomposent plus ou moins rapidement suivant leur provenance :

Les uns, tels que ceux d'étable et de porcherie, ont été compris sous la désignation de *fumiers froids*, c'est-à-dire à décomposition lente ;

Les autres, tels que ceux d'écurie et de bergerie, dont la décomposition est plus rapide, ont été appelés *fumiers chauds*.

Fumier d'étable.

Le fumier d'étable ou fumier des bêtes à cornes est le plus important, grâce à la facilité avec laquelle on peut se le procurer et l'employer sur toutes les terres. Cependant il convient de préférence aux terres légères, sablonneuses, calcaires et marneuses. Sur les terres argileuses, il augmente la fraîcheur et son effet est moins immédiat. C'est de tous les fumiers celui dont l'action se fait sentir pendant le plus longtemps.

Fumier de porcherie.

Ce fumier, quoique classé dans la même catégorie que celui des bêtes à cornes, lui est de beaucoup inférieur Cette différence tient à ce que les porcs sont généralement nourris avec des aliments de qualité médiocre Partout où le porc reçoit une nourriture plus substan-

tielle, telle que pommes de terre, glands, son, grain, etc.,
le fumier qu'il produit est de bonne qualité ; c'est ce
que l'on constate dans les exploitations anglaises où ce
fumier est considéré comme aussi énergique, sinon plus,
que celui d'étable.

Comme il renferme beaucoup de semences de mauvaises herbes, il faut éviter de le répandre sur les terres
arables et le conserver pour les prairies. Il contient, en
outre, une assez forte proportion de purin corrosif qui
rend son emploi peu avantageux pour les céréales, pour
les plantes racines et pour la culture maraîchère. Il
donne, en effet, une saveur désagréable aux légumes.
On peut corriger ses défauts en le mélangeant avec le
fumier de cheval. Il devient alors propre à toutes les
cultures et à toutes les récoltes.

Fumier d'écurie.

Le fumier d'écurie, ou fumier de cheval, employé à
l'état frais, est très chaud, très énergique et très actif ;
mais, abandonné en tas au contact de l'air, il fermente
rapidement, se dessèche et perd une partie de ses principes les plus utiles pour devenir un engrais inférieur à
celui d'étable.

Pour conserver toutes ces qualités, le fumier de cheval exige beaucoup de soin et d'attention. Après l'avoir
mis en tas, il faut l'arroser fréquemment afin d'entretenir
dans sa masse l'humidité nécessaire à sa décomposition.
Si l'on veut retarder la déperdition de ses éléments fé-

condants, il importe de le tasser fortement et de le préserver du contact de l'air au moyen d'une couche de terre.

Cet engrais convient particulièrement aux terrains froids et humides : dans la culture maraîchère, il est employé de préférence à tout autre.

Fumier de bergerie.

Ce fumier se conserve habituellement dans les bergeries jusqu'au moment de son emploi. Comme il est tassé sous les pieds des animaux, il entre difficilement en fermentation.

La forme et la dureté des excréments qui le composent ne leur permettent pas de se mêler intimement avec la litière, il est utile, avant de l'employer, d'en faire des tas que l'on soumet à de fréquents arrosages. La paille trouve ainsi les conditions nécessaires à sa décomposition.

L'action du fumier des bêtes à laine n'est bien sensible que pendant la première année ; il est moins chaud que celui des chevaux.

Ce fumier doit être répandu sur les terres argileuses, lourdes et froides ; ses effets sont très appréciables sur le chanvre, le tabac, les choux, la navette, le colza, etc. On doit éviter de s'en servir pour la culture de la majeure partie des plantes destinées à l'alimentation, car il leur donne une saveur désagréable. Sous son influence, les blés sont sujets à la verse et donnent une farine plus difficile à travailler, la betterave produit moins de sucre et l'orge un grain de moins bonne qualité.

Les cultivateurs du Nord apprécient cependant beaucoup le fumier de bergerie qu'ils emploient indistinctement sur toutes les récoltes.

Parcage.

La fiente des bêtes à laine n'est pas seulement utilisée en mélange avec la litière ; elle est souvent livrée directement à la terre au moyen du parcage.

On désigne ainsi le séjour que fait un troupeau dans une enceinte découverte, appelée parc, que l'on déplace successivement sur les diverses parties de la terre que l'on veut fertiliser.

Dans le centre de la France, on commence à parquer les moutons dès le mois de mai pour ne les faire rentrer dans la bergerie que lorsque viennent les pluies abondantes de l'automne.

Durant la belle saison, les animaux sont mis au parc après le coucher du soleil, tandis que, pendant l'automne, ils y rentrent beaucoup plus tôt. Ils ne doivent en sortir que lorsque la rosée a complètement disparu.

Pour la santé des animaux et la régularité de la fumure, le berger doit faire lever plusieurs fois les moutons pendant la nuit ; il en sera de même une demi-heure avant leur sortie afin de les obliger à se vider avant le départ.

Si l'on veut que le parcage produise tout l'effet qu'on

2*

doit en attendre, il est nécessaire de labourer préalablement le champ sur lequel on veut l'employer et de
renouveler cette opération après le séjour des animaux.

Un mouton de taille moyenne peut fumer une surface
d'un mètre carré pendant une nuit de dix heures ; on
devra donc se baser sur ce principe pour déterminer
l'étendue du parc.

Cette fumure convient surtout aux terres légères et
calcaires, soit avant, soit après la semaille. Lorsque les
champs sont éloignés ou d'un accès difficile, le parcage
est un mode de fumure économique.

Urines.

Parmi les matières qui entrent dans la composition
des fumiers mixtes, les urines sont la partie la plus
active, mais aussi la plus difficile à fixer.

Conservation des urines. — Il est donc important
d'étudier par quels moyens on peut éviter les pertes qui
en résultent pour les exploitations où elles ne sont l'objet d'aucun soin.

Car, outre la partie qui reste dans la litière rendue
compacte par les excréments solides, il est bon de recueillir tout ce qui se trouve en excédant.

La négligence de certains cultivateurs sur ce point
laisse ainsi sans emploi des masses considérables d'engrais de bonne qualité. Ils devraient, à l'exemple des
agriculteurs du nord, construire sous leurs étables des

citernes ou réservoirs destinés à recevoir les urines qui ne sont pas absorbées.

Ainsi recueillis, dès que leurs masse devient un peu considérable, ces liquides doivent être utilisés sous forme d'arrosement ; car un trop long séjour dans la fosse occasionnerait le dégagement de certains de leurs principes.

Avant leur emploi, il est important d'y ajouter quatre fois leur volume d'eau pour en modérer l'action.

La richesse des urines varie suivant la nourriture et l'état de santé des animaux. L'alimentation avec des fourrages secs donne des liquides moins abondants mais plus riches. Un long séjour dans l'intérieur du corps les modifie avantageusement.

Sols et récoltes auxquels elles conviennent. — Les urines conviennent surtout aux sols légers, sablonneux ou calcaires.

Dans quelques contrées, on les répand au printemps sur les céréales qui ont souffert de l'hiver, sur les pommes de terre après la plantation, sur les betteraves et sur les prairies artificielles.

Litière.

On donne le nom de litière aux substances plus ou moins poreuses qu'on met sous les animaux pour en absorber les excréments solides et liquides.

Matières propres à la confection des litières. —

C'est surtout le règne végétal qui fournit les matières les plus propres à la confection d'une bonne litière.

Les pailles doivent à leur forme et à leur souplesse d'être surtout recherchées. Parmi celles-ci on emploie de préférence la paille d'orge et de froment dont la composition chimique permet d'obtenir un excellent engrais.

Les pailles de sarrasin, de vesces, de pois, de fèves, de lentilles, de colza, etc., riches en principes fécondants, pourraient être employées avec beaucoup d'avantage, mais leur décomposition lente les fait souvent rejeter par les cultivateurs.

Lorsque les substances dont on compose ordinairement les litières viennent à manquer, on peut les remplacer par la bruyère, les fougères, les branches et feuilles de genêts, les roseaux, la mousse, les gazons, la tourbe sèche, les feuilles et rameaux de buis, la sciure de bois sèche, les résidus des tanneries (tan), etc.

Une abondante litière exerce une heureuse influence sur la santé des animaux et facilite l'engraissement et la lactation.

Traitement des fumiers.

Le traitement des fumiers est une question très importante, car, s'il est indispensable d'en obtenir de grandes quantités, il n'est pas moins nécessaire qu'ils soient en même temps de bonne qualité.

Il faut donc, non seulement s'efforcer d'assurer leur

conservation, mais encore d'accroître leurs propriétés fertilisantes.

Conditions que doit remplir un emplacement à fumier. — En conséquence, un emplacement spécial, appelé *fosse* ou *plate-forme*, doit être choisi à proximité de l'étable pour les aménager et recevoir le liquide qui en découle.

On appelle fosse à fumier une excavation légèrement inclinée, garnie de murs sur trois de ses côtés (fig. 1 et 2).

La plate-forme n'est autre chose qu'une surface ou aire horizontale en argile battue, bordée d'un bourrelet de même matière (fig. 3, 4, 5, 6, 7 et 8).

Pour établir convenablement les fosses ou les plates-formes, il faut, autant que possible, observer les règles suivantes :

Choisir un terrain exposé au nord et abrité des rayons du soleil, afin d'éviter une évaporation trop prompte ;

Recueillir le purin dans un réservoir d'où il soit facile de le rejeter sur le fumier ;

Empêcher l'accès des eaux étrangères et des eaux pluviales ;

Pratiquer des divisions de manière que l'ancien fumier ne soit pas recouvert par le nouveau.

Rendre les abords faciles, afin que l'enlèvement s'effectue sans grands efforts ;

Enfin, empêcher l'infiltration des liquides au moyen d'une aire rendue étanche par une couche d'argile ou de béton.

Soins à donner au fumier. — Dès qu'on le retire de l'étable, le fumier doit être déposé dans la fosse ou sur la plate-forme. Il convient de le répandre en couche régulière et de le tasser fortement. On le préserve ainsi de la moisissure, connue en pratique sous le nom de *blanc*. La fermentation s'établit alors également dans toute la masse et il se produit une évaporation qu'il est bon de prévenir en saupoudrant de plâtre chacune des nouvelles couches.

On obtient le même résultat en recouvrant le fumier de terre ou de mottes de gazon dont on retourne les herbes en dedans.

On facilite la décomposition en l'arrosant avec le purin que l'on a recueilli. Cette opération doit avoir lieu surtout en été et au moins une fois par semaine.

Divers états des fumiers. — A sa sortie de l'étable, le fumier reçoit le nom de fumier *long, frais ou pailleux.*

S'il séjourne quelque temps dans la fosse ou sur la plate-forme, la macération lui donne une apparence brunâtre et la paille commence à perdre de sa consistance; il devient alors *fumier normal.*

Si l'on prolonge son séjour en tas, sa décomposition s'accentue; sa couleur est plus foncée et l'on a du fumier *court* ou *gras.*

Enfin, si on le laisse arriver à l'état pâteux, il est appelé *beurre noir* et a perdu environ un quart de son volume.

Action des fumiers.

L'action des fumiers *longs ou frais* se fait sentir pendant plusieurs années. En effet, leur décomposition s'effectue moins rapidement que lorsqu'ils ont été mis en tas, car la fermentation est plus lente ; on les emploie de préférence sur les récoltes qui restent longtemps en terre.

Leur texture fibreuse les rend plus avantageux sur les terres compactes.

Les fumiers *courts ou gras* conviennent surtout aux terres légères ; par leur décomposition avancée ils sont plus assimilables et, par conséquent, plus efficaces pour la culture des plantes dont l'existence est limitée.

Le fumier *normal* doit son nom à ce qu'il participe à la fois des qualités des fumiers frais et des fumiers gras ; aux premiers il emprunte la durée de leur action, tandis qu'il a l'énergie des seconds. C'est pour cette raison que la plupart des agronomes en conseillent souvent l'emploi.

Emploi des fumiers.

Les fumiers ayant besoin de chaleur et d'humidité pour leur décomposition, il est nécessaire de les transporter dans les champs aux époques de l'année où l'influence de ces deux agents se fait surtout sentir, c'est-à-dire, au printemps et à l'automne.

Pour répartir également le fumier sur toute la surface on en forme de petits tas équidistants, qu'on appelle *fumerons* et que l'on dispose en quinconce, les intervalles qui les séparent sont réglés d'après la quantité d'engrais à employer.

Les fumerons doivent être répandus aussitôt après qu'on les a déposés sur le sol.

Composts.

Outre les fumiers que lui procurent les animaux de la ferme, le cultivateur peut encore en créer dans des proportions assez considérables par la formation des *composts*.

On désigne sous ce nom des mélanges artificiels de matières minérales et organiques de toute sorte qu'on entasse, en s'étudiant à corriger les vices des unes par les qualités des autres.

Partout le cultivateur trouve à sa disposition les éléments nécessaires pour arriver à ce résultat.

Tout peut être utilisé dans les fermes bien administrées; ainsi les détritus de matières végétales, les liquides chargés de matières salines ou organiques, les terres, et les débris animaux, peuvent avantageusement constituer un compost.

La chaux convient très bien pour en accélérer la décomposition.

Les composts doivent être répandus de préférence sur les prairies naturelles et artificielles; sur les terres arables, ils pourraient engendrer des mauvaises herbes.

C'est surtout par les temps froids et secs qu'on doit en effectuer le transport.

II. — ENGRAIS ANIMAUX

On comprend sous ce nom tous les engrais composés de matières animales sans mélange.

Leur activité et leur puissance sont de beaucoup supérieures à celles des fumiers mixtes, lesquels font souvent défaut.

Ils doivent être employés sous un faible volume et offrent, par conséquent, l'avantage d'économiser sur les transports; c'est pour cela que les cultivateurs doivent les rechercher.

Parmi les engrais animaux, et suivant leur origine, on distingue: *les excréments humains, le guano, la colombine, la pouletaille, la chair musculaire, le sang, les os et les chiffons de laine.*

Excréments humains.

Les excréments humains ou *gadoue* doivent leur richesse aux matières azotées qui font la base de l'alimentation de l'homme. Dès leur sortie des fosses, ils peuvent être étendus d'eau et répandus sur les prairies, ou bien, conservés quelque temps stratifiés avec de la terre, des gazons, de la poussière de charbon et du

3

plâtre pour les désinfecter et fixer l'ammoniaque qu'ils renferment. Ces matières pures en contact avec les racines et les feuilles des plantes pourraient leur communiquer une saveur désagréable.

Poudrette. — Pour faciliter le transport et le commerce des matières fécales, les industriels des environs des grandes villes les ont transformées en *poudrette*.

La poudrette est une substance pulvérulente de couleur brune, sur laquelle on distingue des efflorescences salines ; elle est grasse au toucher et se présente sous forme de petites agglomérations de la grosseur d'une noisette ; soumise à une pression, elle peut devenir compacte comme une matière argileuse.

Epoque à laquelle on doit répandre la poudrette. — *Son action.* — La poudrette se répand au moment des labours à la dose de 22$^{h.1.}$ à l'hectare. Son action imprime une grande activité à la végétation, mais n'est bien sensible que sur la première récolte.

Son emploi doit être évité sur les cultures potagères dont elle altère la saveur.

Guano.

On donne le nom de *guano* à des excréments d'oiseaux aquatiques qu'on trouve en grandes masses sur certains points du littoral de la mer du sud et principalement au Pérou et au Chili où leur emploi remonte à plusieurs siècles.

On a découvert de semblables dépôts sur les côtes d'Afrique. Ces derniers, quoique inférieurs en qualité, sont plus recherchés par les Européens pour lesquels ils présentent une grande économie de transport.

Emploi du guano. — Le guano est un engrais tellement actif qu'il ne faut en user qu'avec précaution et ne jamais le mêler directement aux semences dont il détruirait le germe. On peut le mélanger avec du plâtre, de la bonne terre sèche ou du charbon.

L'analyse a démontré qu'il convenait à toutes les cultures mais surtout aux prairies naturelles et artificielles. Sur les céréales, il engendre de mauvaises herbes, fait pousser beaucoup de paille et produit peu de grain. Ses effets sont sensibles sur les terres fortes et argileuses.

La quantité employée par hectare varie entre 500 et 700 kilogrammes.

Colombine et pouletaille.

Comme leur nom l'indique, la *colombine* est l'engrais que l'on retire des pigeonniers, et la *pouletaille* celui qu'on extrait des poulaillers.

Ils doivent à leur origine une certaine analogie avec le guano ; mais ils sont moins énergiques.

Emploi. — On les répand ordinairement à la volée par un temps humide au moment des semailles ; et on les enterre par un trait de herse.

On s'en sert aussi avantageusement sur les prairies naturelles et artificielles.

Chair musculaire.

Ce ne sont pas seulement les déjections des animaux qui peuvent être utilisées comme engrais; on peut se servir à cet effet des chairs et des parties de leur corps qui deviennent impropres à l'alimentation de l'homme.

Les cadavres des animaux morts de vieillesse ou de maladie sont ainsi une ressource pour l'agriculture.

Emploi. — On en forme ordinairement un compost que l'on prépare de la manière suivante: après avoir enlevé la peau de l'animal, il faut séparer les intestins, isoler les os, diviser la chair et la mélanger intimement avec six fois son poids de terre sèche et un peu de chaux vive.

Lorsque la décomposition des matières est complète, on enterre le tout sur les récoltes à racines fourragères et quelquefois aux pieds des arbres fruitiers.

Les intestins, le foie, les poumons, la cervelle et le cœur sont mélangés avec de la terre fortement séchée et utilisés pour la fumure des céréales.

Les débris de poissons offrent les mêmes avantages.

Sang.

Le sang est le liquide qui porte la vie sur tous les

points du corps et qui contribue à son entretien. Il contient par conséquent, à lui seul, tous les éléments qui entrent dans la composition des organes. C'est donc un engrais supérieur.

Son emploi. — On l'emploie rarement pur, mais additionné de cinq ou six fois son volume d'eau. On y ajoute aussi de la terre pour en rendre la manipulation plus commode.

Le sang se trouve dans le commerce sous la forme d'une poudre obtenue par l'évaporation de l'eau qu'il renferme. A cet état, il en faut 325 kil. pour fumer un hectare.

Un autre procédé consiste à le mélanger avec de l'argile préalablement desséchée et pulvérisée.

Os.

Les os constituent la charpente du corps des animaux; ils sont composés d'une matière organique riche en principes fertilisants et de sels calcaires non moins utiles aux plantes.

Leur action sur la végétation dépend beaucoup de l'état dans lequel ils se trouvent au moment de leur emploi.

Mode d'emploi. — Un os entier reste pendant très longtemps sur le sol avant de se décomposer complètement, et son action est par conséquent très faible. Au contraire, si on le pulvérise, les sels qu'il renferme agissent aussitôt et son effet devient sensible.

On prétend que l'action des os persiste pendant trente ou quarante ans.

Les Anglais recherchent beaucoup cet engrais qu'ils réduisent à l'état liquide. A cet effet, ils font dissoudre les os dans de l'huile de vitriol et de l'eau ; au bout de vingt-quatre heures, le mélange a la consistance d'une bouillie épaisse qu'ils étendent d'une quantité d'eau suffisante pour rendre l'arrosage plus facile.

Noir animal. — Les os sont encore employés comme engrais sous forme de *noir animal.*

On donne ce nom au résidu de poudre d'os calcinés qui a servi à la clarification du sucre.

A la valeur de cet engrais vient s'ajouter celle que lui donne son mélange avec le sang qui concourt à cette opération.

Chiffons de laine.

Les chiffons de laine fournissent un engrais riche et peu coûteux.

Ils se décomposent lentement et ont, par conséquent, un effet durable; ils ont, de plus, l'avantage de produire de bons résultats pendant les années sèches.

Emploi. — Avant leur emploi, il convient de les divi- ser le plus possible ; on y parvient à l'aide d'une lame de faux fixée sur un billot avec une inclinaison de 45°. Les loques qu'on obtient ainsi sont déposées dans le fond du sillon pendant l'opération du labourage, ou bien dans la tranche ouverte par la bêche.

Il faut environ 2,000 kil. de chiffons pour fumer un hectare.

III. — ENGRAIS VÉGÉTAUX OU VERTS

Sous cette dénomination, on comprend les plantes qui, par leur enfouissement, apportent au sol qui les a nourries une nouvelle fécondité due aux éléments qu'elles ont puisés dans l'atmosphère.

D'après cette définition on voit qu'il faut dans le choix des engrais verts, s'attacher surtout aux plantes qui prennent dans l'air la plus grande partie de leur nourriture et qui, par conséquent, sont les moins épuisantes.

Parmi celles-ci, il faut rechercher encore celles qui, donnant une grande masse de substance par leur feuillage, acquièrent très vite, même dans les terrains appauvris, leur maximum de développement. Il faut, en outre, que leur semence soit peu coûteuse.

On comprend facilement que le nombre des plantes réunissant toutes ces qualités est très restreint.

La nature du sol doit aussi être prise en considération : aux terrains argileux, les féverolles, les vesces, les pois, le colza, la navette, la moutarde noire, le trèfle, etc., conviendront parfaitement ; les terres sablonneuses et légères recevront de préférence le trèfle blanc, le trèfle incarnat, le seigle, le lupin, le sarrasin, les jarousses, la spergule, etc.

On doit semer ces plantes un peu plus dru qu'à l'ordinaire et les enfouir au moment de la floraison.

Ces engrais sont certainement moins actifs que ceux qui, jusqu'à présent, ont fait l'objet de notre étude ; cependant ils peuvent rendre de grands services au début d'une entreprise agricole et sur les terres éloignées ou d'un accès difficile.

IV. — ENGRAIS MINÉRAUX

Certaines substances minérales plus ou moins solubles dans l'eau, ont reçu le nom d'*engrais minéraux* ou *salins*.

Bien que quelques agronomes aient pensé que l'emploi de la plupart de ces matières en agriculture constituait plutôt un amendement qu'une fumure, nous croyons cependant préférable de les classer au rang des engrais.

Il nous est même, dans le cours de cet ouvrage, arrivé de les appeler d'une manière indifférente amendements ou engrais.

On donne néanmoins plus particulièrement le nom d'amendement aux opérations qui peuvent transformer l'aspect physique du sol ou seconder l'action des engrais, telles que le drainage, l'épierrement, l'écobuage, le défoncement, etc., tandis que l'addition des substances dont nous allons parler modifie sa constitution chimique en y apportant des éléments nouveaux de fécondité.

Les substances minérales les plus usitées sont : les cendres, la suie, le sel marin, le plâtre, la chaux, la marne, etc.

Cendres.

Les cendres sont les résidus minéraux de la combustion.

Leur nature varie selon les combustibles qui les ont fournies ; on distingue surtout les cendres de bois, de houille, de tourbe, etc.

Cendres vives. — Les cendres de bois, lorsqu'on les retire des foyers, sont les plus riches et les plus actives ; elles conviennent aux terrains argileux et compactes dont elles corrigent les défauts. En les employant par un temps humide sur les sols granitiques et siliceux, on obtient également d'excellents résultats.

On doit les répandre sur les trèfles, les plantes oléagineuses. Dans les prairies naturelles, elles facilitent non seulement la végétation des plantes utiles, mais encore leur usage constant et suivi fait disparaître les herbes nuisibles, telles que les joncs, les carex, etc.

Cendres lessivées ou charrées. — Les cendres lessivées ou charrées, que l'on rejette trop souvent, moins pourvues de sels solubles, ont une action plus faible, à la vérité, mais aussi elles ne détériorent pas les jeunes plantes et demandent moins de précautions.

3*

La charrée convient à tous les sols, principalement à ceux qui sont argileux et compactes ; elle constitue un engrais précieux pour les céréales et les prairies non irriguées, et peut être employée en toute saison, excepté pendant l'hiver.

Les cendres de tourbe et de houille, ont à un moindre degré, les mêmes propriétés.

Suie.

La proportion de matières utiles renfermées dans la suie en fait un engrais que doivent rechercher les cultivateurs voisins des grandes villes.

C'est pour les terrains crayeux, graveleux et calcaires un stimulant très énergique.

Emploi. — Pour qu'elle rende tous les résultats qu'on a lieu d'en attendre, lorsqu'on la répand sur les prairies artificielles ou sur les céréales, il faut que son emploi soit suivi d'une pluie abondante qui dissolve les sels dont elle est pourvue et les fasse pénétrer dans la couche arable, sinon elle pourrait nuire aux plantes délicates.

Sel marin.

L'efficacité de l'emploi du sel marin est très contestée ; nous croyons cependant qu'il agit sur le développement des feuilles et des parties vertes, et l'on peut en conclure que, mélangé à petite dose avec les fumiers et les composts, il en accroît les propriétés fécondantes.

Dans tous les cas, il est bon d'en faire l'essai sur de petites surfaces, avant de l'introduire d'une manière définitive dans les exploitations où son usage n'était pas connu.

Plâtre.

Le plâtre est le produit de la calcination d'une pierre calcaire, appelée *gypse*, dont l'aspect est parfois brillant et blanchâtre.

A l'état cuit, il est employé dans les arts.

En agriculture, on le répand à la volée, pour activer la végétation des trèfles, des luzernes, des sainfoins et, en général, des légumineuses lorsque leurs tiges atteignent environ quinze centimètres de hauteur. Il agit peu sur les prairies naturelles et son effet est presque nul sur les céréales.

Emploi. — C'est par un temps humide et calme qu'on doit procéder à cette opération.

Il n'a pas la propriété d'engraisser le sol, son action est plus directe sur les parties herbacées.

Chaux.

On trouve de nombreux dépôts d'une pierre blanchâtre qui, mise en contact avec du vinaigre fort, produit un bouillonnement et que l'on connaît sous le nom de pierre à chaux.

Placée dans des fours spéciaux et soumise à une haute température, elle se débarrasse de l'eau et de l'acide carbonique qu'elle renferme pour devenir de la chaux vive ou caustique dont on se sert pour les constructions.

Suivant sa composition, la chaux est appelée grasse, maigre ou hydraulique. La première est la plus économique, car elle produit le plus d'effet sous un moindre volume.

Elle est d'une grande utilité en agriculture, elle donne aux terres dépourvues de calcaire cet élément indispensable

Dans le chapitre précédent, nous avons parlé de ses heureux effets sur les terres argileuses, tourbeuses et granitiques,

Modes d'emploi. — On emploie la chaux lorsqu'elle est réduite en poudre que l'on obtient en formant de petits tas recouverts d'une couche de terre assez épaisse et qu'on laisse ainsi fuser et s'éteindre pendant quinze ou vingt jours. Cette opération préparatoire se fait ordinairement sur place. Au bout de ce temps, on mêle intimement la terre avec la chaux et on répand le mélange à la pelle. On incorpore le tout au sol par des labours alternativement profonds et superficiels, suivis de quelques hersages. Cet ensemble de travaux constitue le *chaulage.*

On peut aussi l'employer sous forme de compost,

obtenu par la stratification avec de la bonne terre ou des gazons.

La dose de chaux à répandre sur les terres argileuses peut aller jusqu'à cent hectolitres à l'hectare, tandis qu'elle est de huit à dix hectolitres seulement sur les terres granitiques et siliceuses.

Tout en contribuant à la formation de certains sels utiles à la végétation, la chaux ne peut tenir lieu de fumier. Elle le rend, au contraire, plus nécessaire parce que son contact avec les matières organiques en accélère la décomposition et l'absorption.

On comprend d'après cela qu'un terrain chaulé, auquel on n'apporterait pas une quantité suffisante d'engrais, serait en peu de temps dépourvu des matières nécessaires à la vie des plantes, c'est ce qui a fait dire que le chaulage « enrichit les pères et ruine les enfants ».

Le chaulage doit être fait par un temps sec et chaud.

Marne

Dans les contrées où le chaulage revient à des prix trop élevés, l'introduction du calcaire dans les terres peut se faire au moyen du *marnage*.

C'est une opération qui consiste à répandre une matière terreuse, composée d'argile et de calcaire qu'on appelle marne.

Les éléments avec lesquels le calcaire se trouve réunni, donnent à la marne des couleurs diverses. On en trouve de blanche, de bleuâtre et de couleur lie de vin.

D'ailleurs, comme la pierre à chaux, elle jouit de la propriété de produire un bouillonnement en contact avec les acides.

Sous l'influence des agents atmosphériques, elle se divise et se réduit en poudre.

La marne se trouve souvent à la surface du sol, et quelquefois à une certaine profondeur. Mais alors les tussilages, les ronces, les plantins, le trèfle jaune, révèlent sa présence.

La marne s'emploie sur les mêmes terrains que la chaux, mais à dose plus considérable.

Diverses marnes. — Suivant que l'argile, la silice ou le calcaire dominent dans sa composition, la marne est dite argileuse, siliceuse ou calcaire.

Emploi de la marne. — Il est préférable d'employer les marnes argileuses sur les terrains siliceux et les marnes siliceuses ou calcaires sur les terrains argileux.

Il faut procéder à l'extraction et au transport de la marne pendant l'hiver et par un temps sec. Il est bon de la déposer sur le bord du champ à marner et de la laisser quelque temps au contact de l'air.

Lorsqu'elle est suffisamment délitée, c'est-à-dire, à l'automne, on la répand le plus également possible, à la surface et on achève de la pulvériser par l'emploi de la herse et du rouleau, l'opération se termine en donnant un fort labour.

On peut aussi en former un compost semblable à celui dont nous avons parlé pour la chaux.

L'effet d'un marnage n'est pas de longue durée, le calcaire finit par disparaître absorbé par les plantes ou entraîné par les eaux.

L'apparition des plantes acides, telles que les oseilles sauvages, indique la nécessité de le renouveler.

De même que la chaux, la marne ne dispense pas de fumures.

La marne agit à la fois mécaniquement et chimiquement, elle divise les sols argileux et donne plus de consistance à ceux qui sont légers.

Engrais artificiels.

Dans les régions où la rareté du bétail rend insuffisante la production des fumiers, on a dû demander à la science les moyens d'y suppléer artificiellement.

Il est démontré par l'analyse que les plantes empruntent à la terre, d'une manière constante, quatre éléments principaux, dont les proportions seules varient suivant les sujets.

Ces éléments sont :

L'azote,
L'acide phosphorique,
La potasse,
La chaux.

On en a conclu, et l'expérience l'a confirmé, que la

végétation serait d'autant plus active, que la plante trouverait mieux à sa portée les substances assimilables nécessaires à son développement.

C'est pourquoi on a préparé des engrais dont la composition est appropriée aux exigences des plantes sur lesquels on veut les employer.

Ainsi, par exemple : au blé qui préfère à la potasse, l'azote et les phosphates, on a donné des engrais azotés et phosphatés ; à la pomme de terre, au contraire, de la potasse et des phosphates dont elle est surtout avide.

Il est évident qu'au point de vue de leurs effets sur la végétation ces éléments peuvent, jusqu'à un certain point, remplacer les fumiers mixtes.

Malheureusement il est difficile de se procurer des engrais artificiels dont on puisse être bien sûr, les falsifications nombreuses introduites dans ce commerce, obligent le cultivateur à être très prudent dans leur acquisition.

Outre cet inconvénient, les engrais artificiels n'ont pas la propriété de diviser le sol, ainsi que cela a lieu par la décomposition lente des matières contenues dans les fumiers.

Par leur emploi exclusif, les terres cessent d'être aussi faciles à s'échauffer au prinptemps et n'ont plus la même porosité qu'elles devaient au terreau dont elles finissent par être dépourvues ; il se produit exclusivement une opération chimique dont la terre est le théâtre passif.

Pour conserver à la terre l'humus qui lui est néces-

saire, il serait préférable de mélanger les engrais artificiels aux fumiers mixtes.

Ceux que l'on trouve dans le commerce sont très
nombreux, leur dosage et leur désignation varient
suivant leur provenance.

ÉTUDE

Quelques agronomes s'attachent à rechercher les procédés les plus propres à augmenter les fumiers de ferme, et à conserver tous leurs principes fertilisants; d'autres s'appliquent à déterminer leur composition chimique, et à découvrir leurs effets sur les plantes. Laissant de côté ces deux questions qui ont fait l'objet de nombreux travaux, nous nous bornerons à étudier les moyens de déterminer la quantité de fumier produite dans une exploitation et d'en calculer la valeur.

§ I. — Évaluation de la quantité produite.

L'engrais de ferme provient : 1° de la paille employée comme litière ; 2° des fourrages consommés par les animaux.

La paille qui reste sous les pieds des bestiaux, augmente de poids par suite de l'absorption des excréments liquides ; elle conserve, pendant tout le temps qu'elle reste en tas, une proportion d'eau qui varie suivant les climats et le mode de traitement des fumiers. Sous un climat sec, cette proportion sera naturellement moindre que sous un climat humide : placés sur une plate-forme, les engrais laisseront aussi évaporer une plus grande quantité d'eau que dans une fosse.

A cette humidité s'ajoutent les excréments provenant de la consommation des fourrages.

Si les aliments, en traversant le corps des animaux, ne subissaient qu'une transformation sans perte de poids, il suffirait d'augmenter d'autant le poids de la paille humide pour obtenir celui de l'engrais. Mais les fourrages servent à entretenir l'animal et à lui faire produire ces substances si nécessaires : le lait, la viande, la laine, etc.; une portion seulement est rejetée au dehors et revient au fumier.

Il résulte de nombreuses expériences que les animaux s'assimilent la moitié de leur nourriture : le poids des excréments sera donc équivalent à la moitié de celui du fourrage.

Reste à évaluer de combien l'humidité augmente le poids des engrais.

On a remarqué que le fumier produit dans l'étable contient environ 70 0/0 de matières liquides, à la température de 16 à 18°; ce qui veut dire que 30 kilos de matières sèches (paille de la litière ou excréments résultant des fourrages) donnent 100 kil. de fumier, ou que 1 kil. de matières sèches fournit 3 kil. 33 gr. d'engrais, proportion peut-être un peu exagérée.

On pourra donc évaluer le poids de l'engrais produit dans une ferme, en ajoutant le poids de la litière à la moitié de celui des fourrages consommés et en multipliant la somme obtenue par le coefficient 3.33. Nous considérons cependant comme plus exact le coefficient 3 que nous avons adopté, et nous ne tenons pas compte des pertes provenant de l'évaporation pendant que les fumiers restent en fosse ou en tas.

Supposons que dans une étable contenant vingt-cinq bêtes à cornes, la quantité de paille distribuée pour la litière soit de 4 kil. par jour et par tête, ou de 100 kil. pour tous les animaux ; que la ration journalière de fourrage soit de 400 kil., dont la moitié, 200 kil., revient au fumier ; nous aurons ainsi 300 kil. de matières sèches qui, multipliés par le coefficient 3 adopté, donneront un produit quotidien de 900 kil. de fumier, soit 328,500 kil. par an.

Une telle production permet de fumer annuellement cinq hectares de terres labourables, à la dose de 60,000 kil. par hectare, et d'entretenir ainsi, dans un état très productif, trente hectares de terres soumises à un assolement de six ans.

C'est dans ces conditions qu'on fera de la bonne culture, pourvu que les labours préparatoires soient effectués en temps convenable pour faciliter la décomposition des fumiers.

Dans le choix d'un système de culture, il faut donc, avant tout, considérer la quantité d'engrais dont on peut disposer.

On oublie trop souvent ce principe, et loin de s'attacher à conserver toute la paille nécessaire à la production des fumiers, l'on voit des cultivateurs séduits par l'appât d'un petit profit immédiat, en livrer au commerce des quantités considérables, et se priver ainsi des garanties futures de la fécondité de leur sol et de la richesse de leur ferme.

Dans le calcul qui précède, nous avons supposé que les animaux étaient à la stabulation permanente, mais s'ils sont employés au-dehors, il conviendra de réduire le coefficient d'une fraction proportionnelle au nombre d'heures passées hors de l'étable ; si la durée de leur absence est de huit heures, le coefficient devra être réduit d'un tiers. Cette fraction est exacte pour les animaux soumis au régime du pâturage, mais pour les animaux de travail il serait préférable de ne réduire le coefficient que d'un quart, l'expérience ayant démontré qu'ils déposent moins d'excréments au travail qu'au repos, et qu'ils se vident surtout le matin, après le pansage.

Dans cette évaluation, les aliments autres que le foin doivent être remplacés par les poids équivalents de fourrage sec.

Voici ce que valent en fourrage sec 100 kil. des substances les plus employées pour l'alimentation du bétail :

100k de vesces en vert...... valent.	25k de fourrage sec
— trèfle vert................. 35	—
— pommes de terre.......... 40	—
— betteraves............. 30	—
— carottes 28	—
— topinambours 37	—
— navets................ 25	—

100^k de feuilles de choux, navets,

betteraves...... valent. 25^k de fourrage sec.

— tourteaux de lin, de colza. 105 —

— avoine.................. 102 —

L'évaluation de l'engrais qu'il peut produire est, pour l'agriculteur, une question de la plus haute importance ; c'est elle qui doit servir de base à l'organisation des cultures. En effet, si l'on considère d'une part que chaque récolte emprunte à l'engrais l'azote qui entre dans la constitution de la plante; d'autre part, que la plante ne pouvant absorber que les éléments à la portée de ses racines, prend seulement une partie *aliquote* de la richesse totale de l'engrais ; il suffira de connaître la composition chimique de la plante, ainsi que son *aliquote*, pour déterminer la dose de fumure qui lui assurerait une végétation satisfaisante.

Prenons pour exemple le *blé* : l'analyse indique qu'il renferme 2^{k}62 d'azote p. 100 de son poids ; il est également démontré et admis que son *aliquote* est de 29 p. 100.

Cherchons l'engrais nécessaire à la production de 100 kil. de blé ; la masse de cet engrais devra évidemment contenir une quantité d'azote telle que 2^{k}62 en soient les 29/100 ; soit x cette quantité d'azote :

$$\tfrac{29}{100}\, x = 2.62 \text{ d'où } x = 9.04 ;$$

or, l'azote entre pour 0.04 p. 100 dans la constitution des fumiers ; x étant la masse de ce fumier, la formule

$$\frac{0,4\, x}{100} = 9.04$$

nous donnera le poids total du fumier nécessaire à la bonne végétation de 100 kil. de blé, soit : 2,260 kil.

§ II. — Prix de revient des fumiers.

S'il importe de bien connaître la quantité d'engrais obtenu dans une exploitation, il n'est pas moins utile d'en déterminer le prix afin de pouvoir balancer exactement les comptes ouverts à chaque récolte. D'après ce que nous avons dit, il suffira de connaître le poids de la paille de litière ainsi que celui des fourrages consommés, de déterminer le prix de chaque substance, en ayant soin de ne prendre que la moitié du poids des fourrages et de diviser la valeur de toutes ces matières par le poids du fumier obtenu.

Dans l'exemple que nous avons choisi pour évaluer la production des fumiers, la quantité de paille employée par an est de 36,500 kil. qui, estimée à raison de 0,02 cent. le kil., représente un valeur de. 730^f.

Le poids des fourrages revenant au fumier est de 73,000 kil. que l'on peut estimer à raison de 0,03 cent., soit .... 2,190 »

D'où une dépense totale de........... 2,920 »

Tel est le prix de revient annuel du fumier. Son poids total étant de 328,500 kil., nous obtenons 0,0088 pour le prix d'un kilogramme ou 0,88 pour 100 kil., soit 4,40 pour un char de 500 kil. et 528 fr. pour la fumure d'un hectare à raison de 60,000 kil.

Ces données, bien qu'arbitraires, s'éloignent peu des conditions normales et peuvent servir de base aux calculs de ce genre. Il suffira d'ailleurs, toutes les fois qu'on voudra se rendre compte du prix de revient d'un engrais, d'y faire entrer le prix exact de la paille et des fourrages employés.

PRIX DE REVIENT

DE QUELQUES-UNS DES TRAVAUX LES PLUS USUELS
DANS UNE EXPLOITATION AGRICOLE

1.— Prix d'un mètre cube de déblai de terre ordinaire,
ou de terre mêlée de pierraille, ou de pierres détachées, dans une proportion ne dépassant pas 1/4 du
cube total.......................... $»^f 35^e$

2. — Prix d'un mètre cube de déblai de rocaille, ou de terre mêlée de plus de 1/4 de
rocaille, ou de pierres détachées.......... » 60

3. — Prix d'un mètre cube de déblai de roc au
pic ou à la pince, c'est-à-dire, n'exigeant pas
l'emploi de la mine..................... 1 40

4. — Prix d'un mètre cube de déblai de roc
granitique, exigeant l'emploi de la mine et
du coin, ou de roc basaltique d'une diffi-
culté semblable à celle du granit à la mine. 2 25

5. — Prix d'un mètre cube de déblai de roc
basaltique dur, ne pouvant s'extraire qu'à
la mine ou par très petits fragments avec la
masse et les coins...................... 3 65

6. — Prix d'un mètre cube de reprise de déblai pour combler des tranchées ou rigoles, y compris le régalage des déblais en excès. $»^f$ 17^c

7. — Prix d'un mètre cube de déblai de toute nature, transporté en brouette à 30 mètres en plaine et à 20 mètres en rampe de 0,08 par mètre ; ou d'un mètre cube de déblai transporté hors d'une fouille par jets successifs à la pelle ; pour chaque jet de 1 m. 60 de hauteur verticale .... » 10

8. — Prix d'un mètre cube de déblai transporté au tombereau, par hectomètre .... » 07

9. — Prix d'un mètre cube de maçonnerie à pierres sèches 4 50

10. — Prix d'un mètre cube de maçonnerie ordinaire, avec mortier de chaux et sable, ou de chaux et pouzolanne.............. 8 »

11. — Prix d'un mètre carré d'enduit de 0,03 d'épaisseur, avec mortier de chaux et pouzolanne, pour parements de caves, laiteries, celliers.......................... . ..... » 75

12. — Prix d'un mètre cube de béton, composé de pierres cassées et de mortier de chaux et pouzolanne, façon et mise en place comprises............................... 20 »

13. — Prix d'un mètre carré de cintre en planches de sapin 3 40

14. — Prix d'un mètre carré de revêtement de

cintre en planches de sapin.............. 2^f » ^{c}

15. — Prix d'un kilo de fer forgé, pour balus-
trades, barrières, grilles, etc............ » 90

16. — Prix d'un mètre cube de démolition
d'ancienne maçonnerie................ 2 50

17. — Prix de 1,000 tuyaux de drainage de
0,035 de diamètre intérieur et de 0,33 de
long.............................. 25 »

18. — Prix d'un hectare de drainage dans les
terres argileuses, avec lignes espacées de
12 mètres......................... 300 »

19. — Prix d'un hectare de drainage dans les
terrains tourbeux, lignes espacées de 12 mètres.............................. 150 »

LE PUY. — IMPRIMERIE DE MARCHESSOU FILS

Coupe longitudinale d'une fosse à fumier
à trois murs (fig. 1).

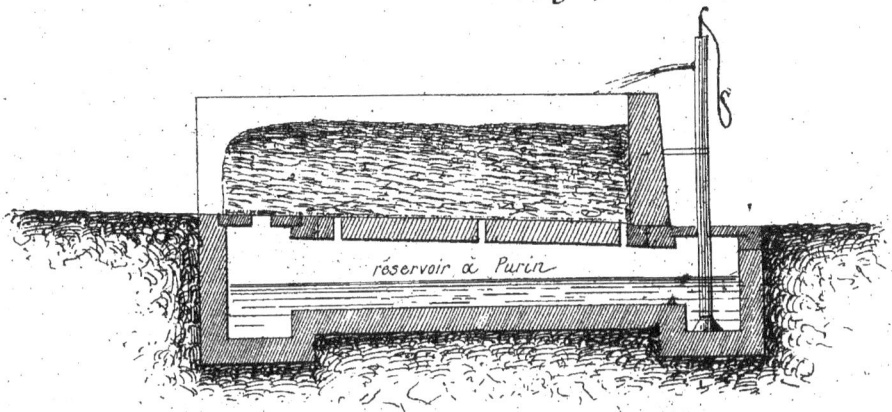

réservoir à Purin

Plan d'une fosse à fumier à trois murs
(fig. 2)

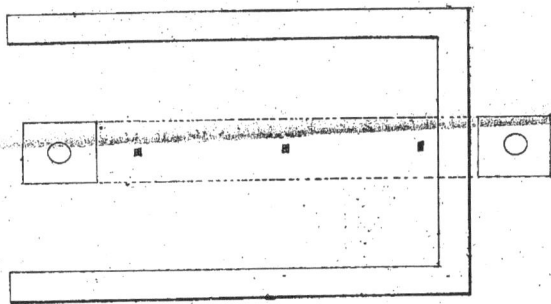

Echelle de 0.01 pour un Mètre (1/100)

Plate forme simple
(fig. 3)

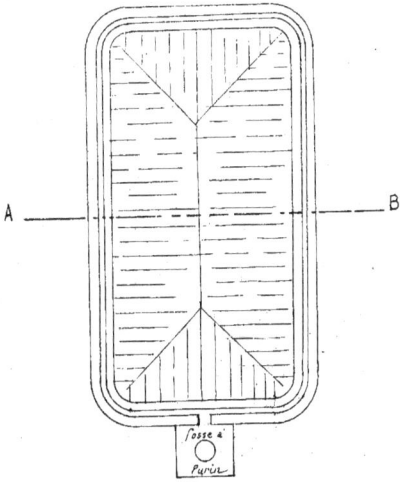

A ———————————— B

fosse à
Purin

Coupe suivant A.B.
(fig 4)

Plate forme double
(fig. 5)

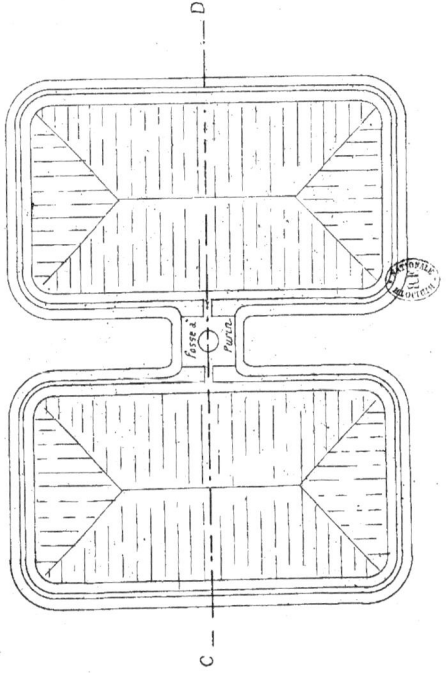

D

fosse à
Purin

C

Plate forme circulaire
(fig. 7)

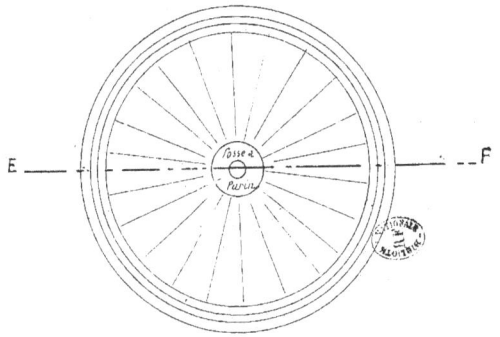

Coupe suivant C.D.
(fig. 6)

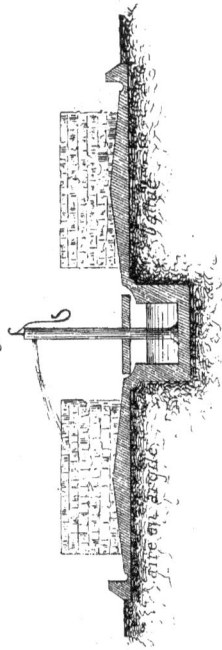

Coupe suivant E.F.
(fig. 8)

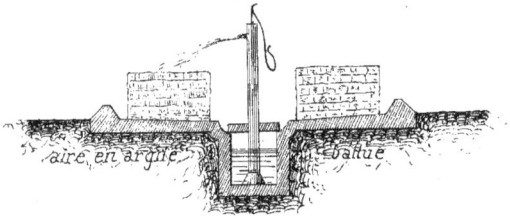

Fosse à
Purin

E ———— + —— · — · — · — · F

aire en argile

aire en argile   battue